AF320348

Shruti Taran

Classificação musical

Shruti Taran

Classificação musical

Referência ao estado de espírito

ScienciaScripts

Imprint

Any brand names and product names mentioned in this book are subject to trademark, brand or patent protection and are trademarks or registered trademarks of their respective holders. The use of brand names, product names, common names, trade names, product descriptions etc. even without a particular marking in this work is in no way to be construed to mean that such names may be regarded as unrestricted in respect of trademark and brand protection legislation and could thus be used by anyone.

Cover image: www.ingimage.com

This book is a translation from the original published under ISBN 978-620-2-02269-9.

Publisher:
Sciencia Scripts
is a trademark of
Dodo Books Indian Ocean Ltd. and OmniScriptum S.R.L publishing group

120 High Road, East Finchley, London, N2 9ED, United Kingdom
Str. Armeneasca 28/1, office 1, Chisinau MD-2012, Republic of Moldova, Europe
Printed at: see last page
ISBN: 978-620-7-98152-6

Copyright © Shruti Taran
Copyright © 2024 Dodo Books Indian Ocean Ltd. and OmniScriptum S.R.L publishing group

RECONHECIMENTO

Uma viagem é mais fácil quando se viaja em conjunto. A interdependência é certamente mais valiosa do que a independência. Gostaria de expressar a minha gratidão a todos aqueles que me deram a oportunidade de concluir a minha tese. Shubha Mishra, que me ajudou em todas as dificuldades e me apoiou continuamente na realização de um trabalho melhor, durante a minha dissertação.

Agradeço muito especialmente ao Chefe de Departamento, Dr. Manish Shrivastava, e a outros membros do corpo docente pelo seu apoio esmagador na discussão técnica sobre o trabalho de investigação, que também me deram confiança para um trabalho da melhor qualidade. Por último, quero agradecer a todos os membros do pessoal do LNCT o apoio e a disponibilização de instalações na sua presença.

Não tenho palavras suficientes para expressar o meu sentimento para com os meus pais, irmã e amigos pelo seu amor e inspiração que me deram confiança para atingir o meu objetivo. Acima de tudo, agradeço ao poder supremo "O Todo-Poderoso" que me abençoou com paciência e vigor para concluir esta dissertação com sucesso.

RESUMO

A música não é apenas um meio de entretenimento, mas tem também um papel importante nos cuidados de saúde. A musicoterapia é uma forma bem conhecida de tratar os doentes e de os libertar do stress. Geralmente, queremos ouvir canções de acordo com a nossa disposição. Este documento apresenta um sistema que classifica as canções de Hindi Bollywood de acordo com o estado de espírito dos seres humanos. Nos últimos anos, têm sido efectuadas muitas pesquisas no domínio da recuperação e classificação de música. O nosso trabalho também faz parte disso. Propusemos um sistema de classificação de música, considerando as caraterísticas do áudio e classificando o áudio de acordo com a emoção humana. Este trabalho centrou-se na música de Hindi Bollywood. Estudámos muitos trabalhos de investigação sobre modelos de humor, caraterísticas de áudio e técnicas de extração de dados. Com base nisso, seleccionamos algumas caraterísticas do áudio que são menos numerosas mas mais relativas para a classificação, escolhemos o modelo de humor predefinido e executamos o algoritmo de classificação de dados e classificamos a música em referência ao humor. Pitch, Timbre, Rhythm, Intensity são caraterísticas de áudio selecionadas que consideram vários outros parâmetros da música como RMS, FFT, Frequency. Consideramos o modelo de humor de Thayer para a nossa experiência. E escolhemos o algoritmo de classificação de extração de dados da árvore de decisão para discriminar a música de acordo com o estado de espírito. Após esta experiência, obtivemos resultados satisfatórios e esperamos melhorar ainda mais esta área. Este trabalho considera o inquérito sobre o sistema proposto anteriormente e descobrimos que a maior parte do trabalho nesta área foi feito tendo em conta a música ocidental e chinesa. Músicas diferentes têm parâmetros diferentes, pelo que este trabalho considera apenas a música Hindi Bollywood. Antes deste trabalho, todo o trabalho foi feito no clipe de música, mas consideramos a duração total das músicas e obtemos resultados satisfatórios. Este trabalho será útil para os programadores criarem um leitor de áudio que forneça uma lista de música hindi organizada com base no estado de espírito, para os psicólogos ou médicos tratarem os seus doentes e para os novos investigadores desenvolverem este trabalho.

ÍNDICE DE CONTEÚDOS

CAPÍTULO-1
INTRODUÇÃO

CAPÍTULO 1
INTRODUÇÃO

Este capítulo do relatório de tese aborda vários subpontos que são enumerados a seguir:

1. A música e o ser humano

2. Música-Áudio

3. Humor-Emoção

4. Recursos de áudio

5. Música - extração de dados

6. Declarações de problemas

7. Objetivo da dissertação

1.1 A música e o ser humano:

A evolução da música deu-se quase ao mesmo tempo que a existência do ser humano. A relação entre o homem e a música é muito antiga e inigualável. O ser humano mostra os seus sentimentos, comportamento e acções com a ajuda da voz e do som. A música é também uma forma de voz, que mostra o estado do ser humano. A forma da música varia consoante os locais, as regiões e a religião. A música também faz parte de todas as culturas.

Na Índia, a música desempenha um papel vital na vida de toda a gente. Na Índia, existem várias variedades de música, como a clássica, a folclórica e as ragas. Também apresenta vários tipos de instrumentos. Na Índia, estão presentes canções situacionais, canções de Haldi, canções de Shadi, canções de nascimento, canções de orações, canções para o país, canções para os amantes, canções para os pais. Em suma, a música abrangeu todas as zonas do ser humano, desde o nascimento até à morte, da alegria à tristeza.

A música melhora a vida dos seres humanos. A música tem uma ação adequada em vários problemas biológicos dos seres humanos, como a fadiga, bem como altera as taxas de pulso e respiração, os níveis externos de pressão arterial [2]. A música tem efeitos benéficos na mente, no corpo físico dos seres humanos e nos sentimentos [3]. A música é muito útil para o desenvolvimento do ser humano, apoiando ou reforçando o seu desenvolvimento social, intelectual e pessoal [4].

Música e estado de espírito, estas duas palavras são utilizadas para representar e realçar as emoções humanas. O humor é um termo bem conhecido para representar a emoção e a música é a forma de realçar o humor. A música e o humor nunca podem ser separados [5].

Hoje em dia, toda a gente tem uma grande coleção de canções do seu interesse. Graças às altas tecnologias e à Internet, qualquer pessoa pode obter as canções que selecionou em poucos minutos. Estão disponíveis muitos sítios Web e software de aplicações móveis que se centram nas canções e nos seus métodos de recuperação. Por isso, agora é muito fácil encontrar canções.

1.2 Música-Áudio:

Basicamente, estas duas palavras denotam o mesmo pensamento ou podemos dizer que estão inter-relacionadas. A música é a representação vocal do comportamento e das acções humanas. É um som que cria beleza. O áudio é um parâmetro técnico utilizado para representar a música ou o som. A música é identificada pelo seu nome, enquanto o áudio é representado com a ajuda de ondas e valores. A música é classificada como clássica e popular, enquanto o áudio é classificado como áudio de baixo nível e de alto nível. A música é um termo generalizado de som, enquanto o áudio é um termo técnico. Neste trabalho ou tese utilizei estas duas palavras como sinónimos porque criamos um sistema para o utilizador gerar a lista de reprodução de música/áudio de acordo com o seu estado de espírito. Assim, esta tese considera o termo geral de música para o utilizador, bem como o termo de áudio para os investigadores extraírem caraterísticas.

1.3 Humor-Emoções:

Basicamente, estes dois são o estado de espírito ou podemos dizer os sentimentos como a raiva, a alegria, os sentimentos, a tristeza. Estes dois tipos de sentimentos diferem em termos de tempo. A emoção representa sentimentos ou comportamentos humanos de curta duração, como minutos ou segundos, enquanto o humor é um estado de espírito de longa duração, como dias ou horas [6]. O humor é um sentimento forte. Resumidamente, não há grande diferença entre eles, pelo que nesta tese consideramos ambos como a mesma entidade. Para compreender os vários estados de espírito e emoções, na secção seguinte discutimos vários modelos de estados de espírito. Basicamente, não existe um método para dividir a emoção porque esta muda com o tempo e tem efeitos diferentes no ser humano. As emoções têm graus de intensidade, o que significa que, por vezes, estamos felizes, outras vezes estamos mais felizes e outras vezes estamos mais felizes. Significa que as emoções mudam, mas muitos especialistas neste domínio tentam representar o modelo de humor com a ajuda de adjectivos.

1.4 Recursos de áudio:

A música afecta o corpo humano, os seus neurónios e os batimentos cardíacos. O áudio ou a música é uma coleção de muitos parâmetros. É muito difícil identificar qual a caraterística ou parâmetro da música que altera o estado de espírito. As caraterísticas do áudio estão geralmente em forma matemática. É feita muita investigação sobre as várias caraterísticas do áudio e o seu efeito nas emoções. Muitos cientistas discutiram o estado da arte das caraterísticas da música, o que é útil para a pesquisa baseada em letras ou em conteúdos [7]. Inicialmente, as letras, o texto e o conteúdo são recuperados como caraterísticas de áudio para obter informações ou para desenvolver um sistema de reconhecimento de voz. Esta extração de caraterísticas do áudio foi útil para desenvolver o MIR (Music Information Retrieval) e o ESR (Environment sound recognition). Na secção seguinte, abordamos muitas caraterísticas de áudio e as suas definições e efeitos no humor humano.

1.5 Música e extração de dados:

A extração de dados consiste em encontrar informações úteis numa grande base de dados [8]. Basicamente, a extração de dados não é um procedimento único de recolha de conhecimentos a partir dos dados, mas há muitos procedimentos associados à extração de dados para obter conhecimentos a partir dos dados, como a limpeza, a transformação e a integração de dados. Atualmente, a capacidade dos dispositivos de armazenamento é cada vez maior e estes dispositivos estão facilmente disponíveis, o que cria um problema de pesquisa e discriminação dos dados, uma vez que estes são agora em grande volume e de variedades diferentes. A classificação e o agrupamento são duas partes importantes da abordagem de extração de dados. Para executar técnicas de extração de dados em áudio ou música, é necessário, em primeiro lugar, extrair caraterísticas ou informações da música e, em seguida, aplicar o algoritmo de extração de dados. Estão disponíveis várias ferramentas, como jAudio e MIR, para extrair informações do áudio.

1.6 Declaração do problema:

E Toda a gente quer ouvir música de acordo com os seus estados de espírito. Geralmente, utilizamos o PC, sítios Web e aplicações móveis para ouvir canções. Mas descobrimos que, nesses sistemas, todas as músicas são organizadas de acordo com o nome do álbum ou do filme, o título da música, a duração e os géneros. Não existe nenhum sistema de fácil utilização que discrimine as músicas de acordo com o estado de espírito de alguém. Este problema sugere-nos o desenvolvimento de um sistema de leitor de música que crie uma taxonomia musical de acordo com o estado de espírito. Não é possível classificar as músicas de acordo com o estado de espírito de um indivíduo, mas é possível organizar as músicas de acordo com alguns tipos de humor ou estados como feliz, triste, zangado, etc. Foram desenvolvidos alguns sistemas que discriminam as canções de acordo com o estado de espírito, mas não para a música hindi e de Bollywood, mas sim para a música clássica ocidental e chinesa. Esta tese propõe um sistema que cria uma taxonomia da música hindi e de Bollywood em função do estado de espírito. Este sistema fornece um protótipo que gera uma lista de reprodução de música Hindi de acordo com o estado de espírito do ser humano.

1.7 Objectivos da dissertação:

Foram realizados muitos estudos neste domínio, mas centrados sempre na música ocidental. Este trabalho centra-se na música hindi de Bollywood. Sabemos que a música representa os costumes e a cultura. Na Índia, a música também varia consoante os locais. O nosso principal objetivo é desenvolver um sistema para a música de Bollywood e Hindi que gere listas de reprodução de acordo com as emoções ou o estado de espírito. Os principais objectivos deste trabalho são os seguintes

- Criar um sistema que discrimine a música hindi em função do estado de espírito.

- Aplicar técnicas de algoritmos de extração de dados para a classificação, o que dá resultados satisfatórios.

Para atingir o objetivo acima referido, temos de realizar a seguinte tarefa:

- Reconhecer o modelo de humor a partir de vários modelos actuais

- Selecionar as caraterísticas de áudio que darão um resultado eficaz.

- Selecionar várias ferramentas e técnicas para desenvolver o sistema proposto.

  Compreender os algoritmos de classificação de extração de dados.

Resumo:

Basicamente, este trabalho centra-se na música de Hindi Bollywood. Seleccionamos um modelo de humor, depois extraímos as caraterísticas do áudio com a ajuda de uma ferramenta, depois aplicamos o algoritmo de extração de dados e discutimos os resultados. No capítulo 2, discutimos artigos anteriores relacionados com o modelo de humor, caraterísticas de áudio, técnicas de extração de dados e ferramentas. No capítulo 3, discutimos o nosso sistema proposto, no qual o modelo de humor proposto, as caraterísticas e as técnicas também discutem alguns resultados. No capítulo seguinte, damos nota do sistema e dos métodos utilizados, da arquitetura e dos detalhes de entrada e saída. No capítulo seguinte, apresentamos uma análise dos resultados do sistema utilizado, discutidos no capítulo anterior. No capítulo seguinte, escrevemos a aplicação deste sistema. No capítulo 7, concluímos todo o trabalho de investigação e apresentamos o âmbito futuro. No capítulo 8, escrevemos a publicação deste trabalho. E o último capítulo apresenta os pormenores das várias fontes que nos ajudaram a concluir esta tarefa.

CAPÍTULO 2
REVISÃO DA LITERATURA

CAPÍTULO 2
REVISÃO DA LITERATURA

Neste capítulo, abordámos os modelos de humor, as caraterísticas, as ferramentas e as técnicas de extração de dados anteriormente discutidos. Para simplificar, subdividimos este capítulo em 5 subsecções, que são apresentadas a seguir:

1. Modelos de humor
2. Recursos de áudio
3. Técnicas de extração de dados
4. Ferramentas de software
5. Trabalhos efectuados no passado

2.1 Modelos de humor:

Vários especialistas em psicologia sugeriram uma taxonomia do humor que discrimina as emoções humanas. Em 1936, K. Hevner [9] apresentou um estudo sobre as emoções humanas, no qual selecionou 8 categorias de humor e representou cada categoria com 8 adjectivos diferentes. A Fig. 2.1 mostra o modelo de humor de Hevner. De acordo com Hevner, o estado de espírito é feliz, alegre, gracioso e divertido, e o modo negativo é triste, sentimental e sonhador. Este modelo escolhe adjectivos quase com o mesmo significado, o que o torna ambíguo.

O perito Russell [10] apresentou um círculo cuja parte é classificada como emoções humanas. Neste modelo, cada categoria está devidamente separada. A Fig. 2.2 mostra a representação pictórica do modelo de Russell.

Fig 2.1: O modelo do círculo de 8 adjectivos de Kate Hevner [9]

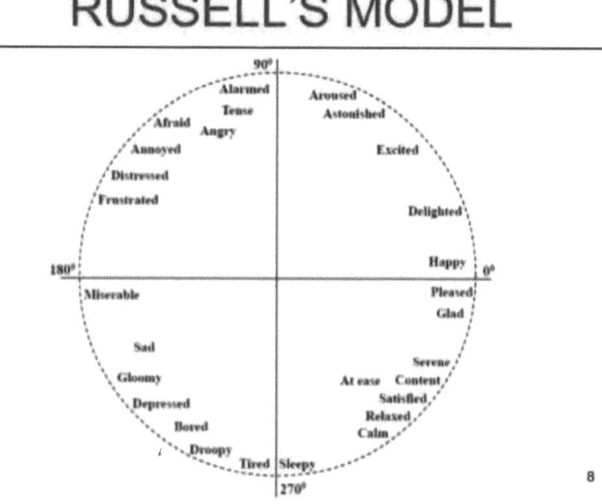

Fig 2.2: Modelo de humor de Russell [10]

Thayer [11] apresenta um estudo no qual classifica a emoção dos seres humanos em dois eixos, um eixo de energia e outro que representa o stress. Thayer classificou as emoções em 8 categorias: feliz, triste, frenético, deprimido, calmo, contente, exuberante e energético. A Fig. 2.3 mostra uma representação pictórica do modelo de humor de Thayer.

Também podemos selecionar vários sítios de redes sociais como o Twitter e o Facebook para a seleção do estado de espírito, compreendendo a sua facilidade de marcação. Também podemos categorizar o estado de espírito fazendo inquéritos a seres humanos e perguntando-lhes quais os tipos de estado de espírito com base nos quais também categorizamos o estado de espírito. Mas escolhemos o modelo de humor Thayer porque sugeria 8 clusters e o conceito de 4 clusters, que é fácil de implementar e abrange todas as emoções.

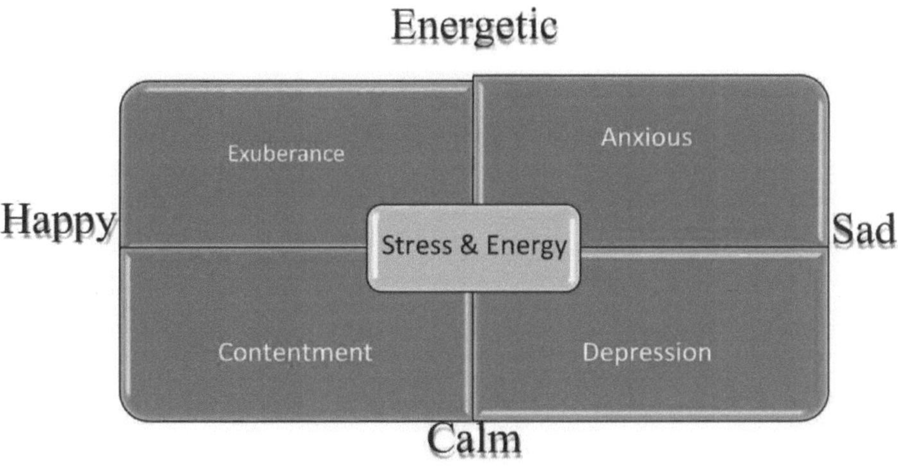

Fig 2.3: Modelo de humor de Thayer

2.2 Recursos de áudio:

Neste trabalho, consideramos a música e o áudio como a mesma entidade. O áudio pode ser medido ou definido por várias caraterísticas. Em geral, sabemos que uma canção tem uma letra, um ritmo e o som de um instrumento. Assim, nesta secção, apresentamos as caraterísticas básicas do áudio.

Tsunoo [12] sugeriu a extração de caraterísticas para criar uma taxonomia de humor musical. Ele concentra-se na caraterística Timbre, mas também considera algumas caraterísticas como a linha de baixo e o padrão de ritmo.

David Gerhard [13] apresentou um estudo no qual foca a importância da altura e da utilidade para a recuperação de informação musical.

Ren e a sua equipa [14] sugeriram que o timbre e a modulação são duas caraterísticas importantes para discriminar as canções de acordo com o estado de espírito.

Basicamente, existem vários tipos de caraterísticas de baixo nível e de alto nível. O timbre, o ritmo, a letra e a altura são também um conjunto de caraterísticas. A frequência, o RMS, a FFT e a variabilidade espetral são também um grupo de caraterísticas. A figura 2.4 mostra as várias caraterísticas do áudio a vários níveis.

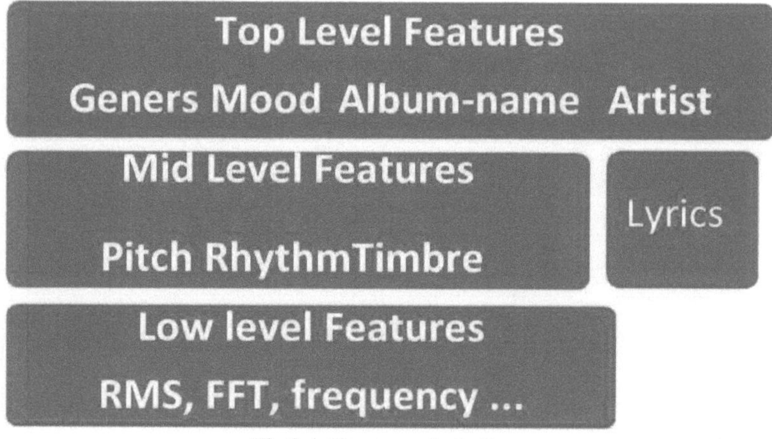

Fig 2.4: Recursos de áudio

2.3 Técnicas de extração de dados:

A extração de dados é um processo que permite extrair factos interessantes dos dados, reconhecer padrões ou informações úteis de um grande conjunto de dados. É também designado por KDD (knowledge discovery in databases). A Figura 2.5 mostra um processo de descoberta de conhecimentos. Kalyani [15] apresenta um estudo completo em que explica todo o processo. Os dados provenientes de um sistema heterogéneo são convertidos numa estrutura uniforme e, em seguida, são aplicados vários algoritmos para obter resultados e aplicar padrões e regras que ajudarão a obter conhecimentos a partir dos dados.

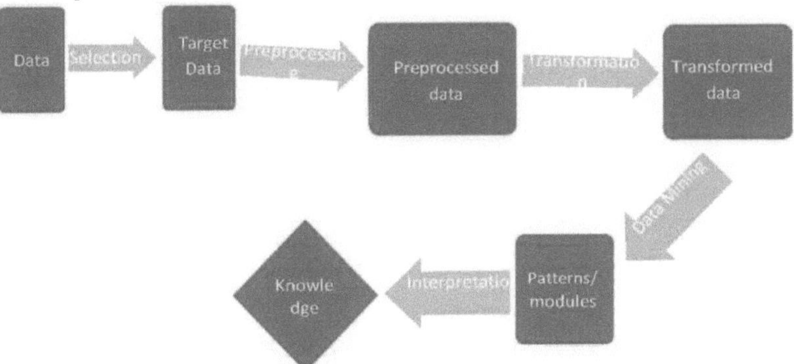

Figura: 2.5 Processo de descoberta de conhecimentos

A extração de dados é um termo inter-relacionado que é combinado com outros domínios. Ou podemos dizer que a extração de dados também está associada a sistemas de gestão de bases de dados, aprendizagem automática, previsão, estatística e reconhecimento de padrões. O nosso sistema utiliza um algoritmo de classificação de extração de dados, mas é de alguma forma semelhante ao sistema de reconhecimento de voz. A Fig. 2.6 mostra os vários segmentos da extração de dados.

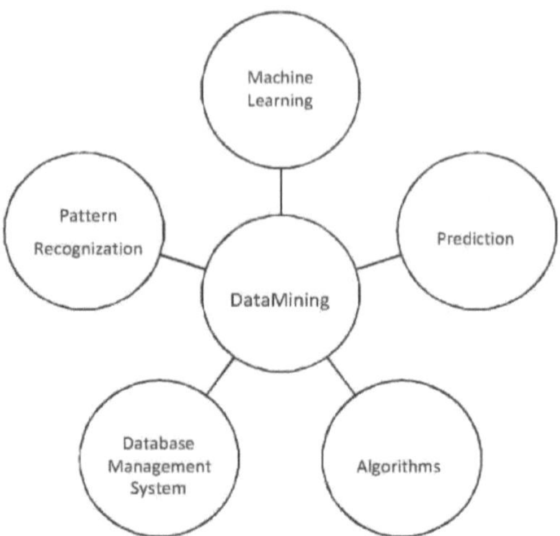

Fig 2.6: Segmentos de extração de dados

A classificação e o agrupamento são dois dos principais elementos da extração de dados. A classificação é uma aprendizagem supervisionada, enquanto o agrupamento não é supervisionado. No caso da classificação, são necessários dados de treino, enquanto no caso do agrupamento não são necessários dados de treino.

A classificação é a forma de encontrar um protótipo (ou modelo) que define e separa classes ou atributos de dados. O protótipo criado baseia-se num conjunto de dados de treino. A classificação é efectuada com base em atributos e discrimina os dados em categorias. A árvore de decisão, a máquina de vectores de apoio, a rede neural e o Naive Bayes são alguns algoritmos de classificação.

A classificação e o agrupamento são diferentes. O agrupamento é efectuado em dados sem qualquer conjunto de treino. O agrupamento é efectuado com base na distância ou em atributos semelhantes. Para efetuar o agrupamento não é necessário um conjunto de treino. Kmeans, Kmedoids, fuzzy clustering e hierarchal clustering são abordagens de clustering.

Cada algoritmo tem as suas vantagens e limitações. Alguns são bons para grandes conjuntos de dados, outros são rápidos ou de processamento rápido. Alguns são fáceis de implementar. É possível escolher estes algoritmos de acordo com as necessidades do domínio. Sumit Garg e o seu parceiro [16] publicaram um artigo em que analisaram e fizeram um estudo comparativo das técnicas de extração de dados, bem como das suas limitações e vantagens. Apresentam todo o estudo sob a forma de um quadro. Apresentam a sua análise sobre um conjunto de dados educativos. Discutiram brevemente todos os algoritmos de extração de dados e, em seguida, apresentaram os inconvenientes e as limitações de vários algoritmos.

2.2 Ferramentas de software:

Para realizar esta tarefa, também temos de estudar a forma de o fazer. Que software é necessário para extrair caraterísticas e implementar técnicas de extração de dados.

DanielMcEnnin e a sua equipa [17] fornecem uma ferramenta ou quadro conhecido como jAudio para a extração de caraterísticas do áudio. Inicialmente, os investigadores ou programadores de MIR perderam muito tempo na extração de caraterísticas. Esta ferramenta torna o seu trabalho mais fácil e rápido. Este software pode receber um número de entradas sequencialmente e, em seguida, fornecer um ambiente GUI para que os utilizadores seleccionem as caraterísticas necessárias e adequadas ao seu trabalho de investigação. Esta ferramenta fornece os resultados em formato ace, xml ou arff. Esta ferramenta é desenvolvida em Java.

A ferramenta Marsyas [18] é pioneira neste domínio. A ferramenta foi desenvolvida em C++. O sistema também é de código aberto e eficiente. Também é utilizado para sintetizar, analisar e gerar caraterísticas de áudio. Gera resultados no formato weka, ou seja, em arff. Aceita vários ficheiros áudio como entrada.

O Clam [17] é também outro software de extração de caraterísticas desenvolvido em C++. Este sistema proporciona o melhor ambiente gráfico possível, o que é útil para os novos utilizadores. Mas o objetivo deste sistema não é a extração de caraterísticas.

Acima discutimos algumas ferramentas de extração de caraterísticas. Para completar o nosso trabalho, estudámos várias ferramentas de extração de dados. Estas são as enumeradas a seguir:

O WEKA é uma ferramenta de extração de dados [19]. É utilizada para executar técnicas de extração de dados. É também um sistema de fonte aberta. O WEKA fornece implementações de vários algoritmos de agrupamento, classificação e extração de regras de associação, bem como interfaces gráficas de utilizador e utilitários de visualização muito agradáveis para avaliação e análise de dados. Também é utilizado para selecionar atributos.

O MATLAB é a ferramenta mais popular para fins de análise. Fornece muitas bibliotecas para muitas áreas de investigação. Também fornece bibliotecas difusas, neurais e muitas outras. Também fornece um ambiente gráfico e permite visualizar o resultado.

O MATLAB e o WEKA não são apenas ferramentas de extração de dados, existem também várias ferramentas disponíveis que efectuam classificações e agrupamentos ou abordagens de extração de dados.

MINERADOR RÁPIDO

K NIME

RATTLE

Algumas ferramentas não suportam todas as abordagens de extração de dados, mas suportam algumas partes específicas da extração de dados, como algumas ferramentas apenas para agrupamento como o CLUTO e algumas para extração de regras de associação ARMiner.

2.3 Trabalhos efectuados no passado:

Huamin Feng e a sua equipa[22] criaram um sistema que classifica o áudio e reconhece a fala, no qual, em primeiro lugar, classificou e, em seguida, desenvolveu um sistema de reconhecimento da fala. Para o efeito, escolhem o MFCC, o Zero crossing e a baixa energia do áudio. Este sistema foi desenvolvido especialmente para áudio e vídeo chineses. Classificou os quadros de música em fala, música e silêncio. Trata-se de uma classificação baseada em SVM. Dividiram a música inteira em clips.

Kartik Mahto e a sua equipa[21] apresentam um estudo em que fazem a classificação da música com base no artista. Este trabalho utilizou o MFCC e a perseguição de projeção como atributos principais do áudio. Inicialmente, extraem as caraterísticas dos áudios. Esta investigação baseia-se totalmente na música clássica indiana.

K. Subashini e os seus parceiros [23] apresentam um trabalho em que classificam o áudio e o vídeo em 7 categorias. Subdividiram a sua tarefa em dois módulos para a extração de caraterísticas: caraterísticas acústicas e caraterísticas visuais. Todo o áudio e vídeo é classificado em fotogramas. O MFCC e o histograma são duas caraterísticas essenciais para a extração. Aplicam a rede neural Auto Associativa para obter a classificação pretendida.

Chien-Chang Lin, Shi-Huang Chen[24], no seu artigo, classificaram o áudio e o vídeo e propuseram melhorar as técnicas anteriores adicionando SVM e wavelets. A potência da sub-banda, a frequência do tom, o brilho, a largura de banda e a FCC são caraterísticas selecionadas para classificar o áudio.

Ruijie Zhang, Bicheng Li, Tianqiang Peng [25] apresenta a classificação de áudio baseada em SVM-UBM. Também escolhem o MFCC como atributo principal e efectuam o UBM. O modelo UBM (Universal Background Gaussian Mixture Model) consiste em integrar caraterísticas num clip. Em seguida, efectuam a abordagem svm para melhorar a classificação do áudio utilizando SVM-UBM.

Hariharan [26] apresenta uma abordagem básica de classificação de áudio que é mostrada na figura 2.7

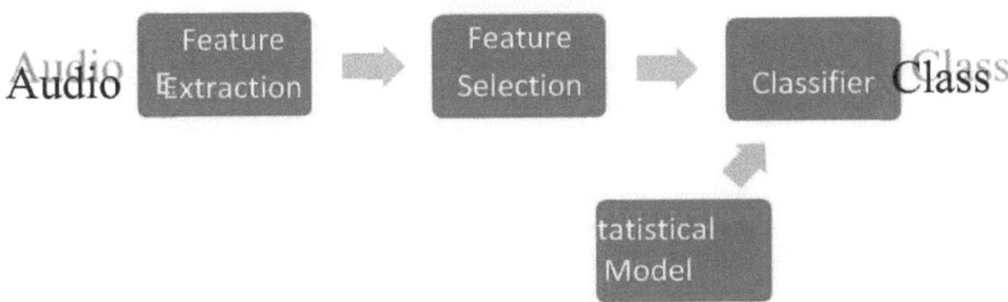

Fig 2.7: Abordagem de classificação de áudio [26]

Wen Wu Lingyun Xie [27] classifica a música clássica chinesa tradicional e ocidental. Primeiro, escolheram dois modelos diferentes. Um para a música chinesa e outro para a música clássica ocidental. Selecionam várias caraterísticas de tom de áudio, timbre e ritmo para a classificação do áudio. As canções inteiras são primeiro convertidas em clipes de tamanho fixo, depois extraem as caraterísticas e enviam-nas para a rede Bayesiana, obtendo as canções organizadas de acordo com o estado de espírito.

Pasi Saari e a sua equipa [28] introduziram um modelo de reconhecimento das emoções dos seres humanos a partir das emoções. Estão a melhorar os métodos anteriores através da seleção de invólucros, considerando a simplicidade e a generalização.

Também representamos os seus modelos em representação pictórica abaixo:

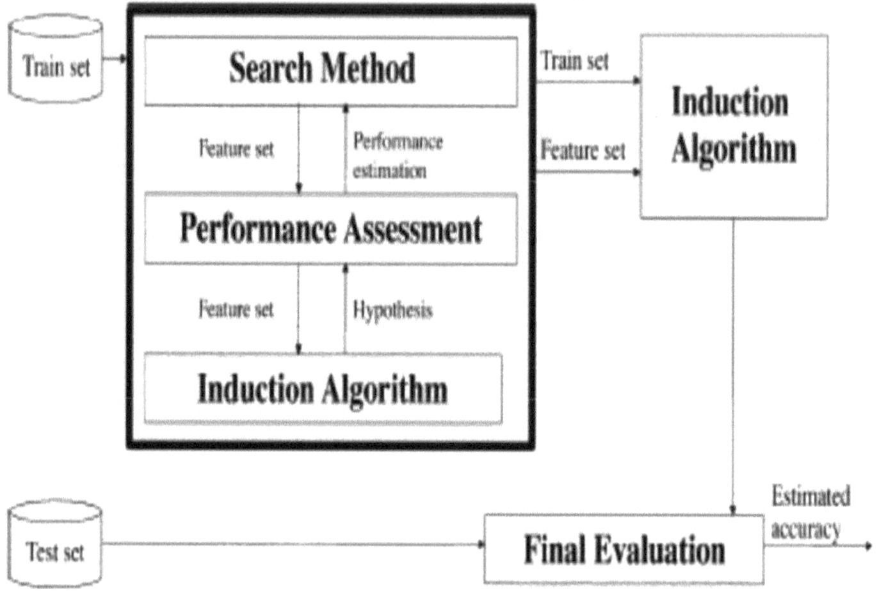

Fig 2.8: Modelo de reconhecimento de emoções de Pasi Saari [28]

Jia-Min Ren e a sua equipa [14] consideraram que a modulação e o timbre são caraterísticas essenciais para reconhecer emoções a partir do áudio. Inicialmente, são discutidos modelos de humor ou modelos de reconhecimento de emoções, após o que são extraídas caraterísticas especialmente de timbre. O timbre é representado por este conjunto de caraterísticas de áudio SSD (descritores de espetro estatístico), MFCC, SFM/SCM e OSC são medidos a partir de clips de áudio. Também utilizaram o SVM para efeitos de classificação. Este modelo é complexo, mas foi apresentado no concurso de modelos áudio MIREX. E ganhou prémios. O modelo proposto é apresentado na fig. 2.8

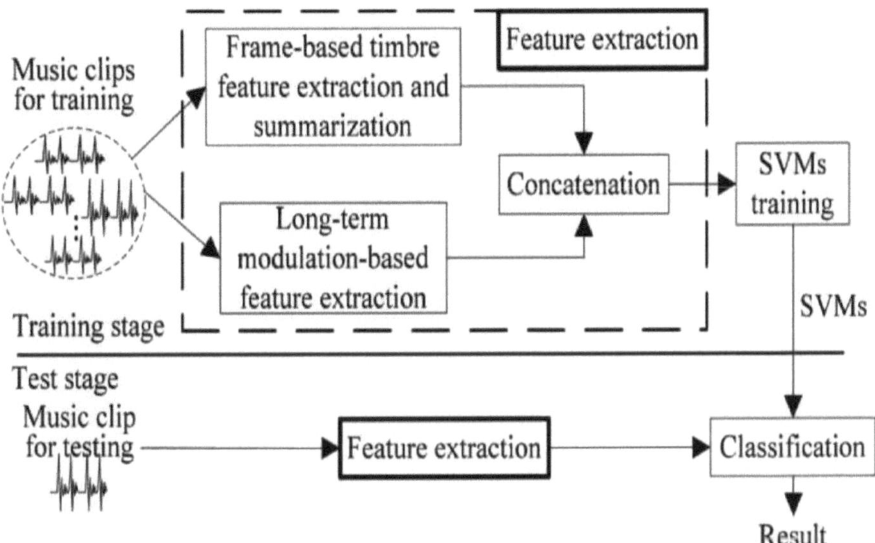

Fig 2.9: Modelo de classificação de áudio proposto por Ren [14]

Kyogu Lee e o seu parceiro [29] apresentaram um trabalho em que classificam a música de acordo com os seres humanos. Não selecionaram nenhum modelo de humor. Apenas classificaram a música de acordo com a idade do grupo. Estudaram a escolha de um determinado grupo etário e classificaram a música de acordo com essa escolha.

Bhat [30] apresentou o seu estudo no qual classificou a música ocidental e hindi. Escolheu o tempo, o ritmo e a flutuação como caraterísticas essenciais para a classificação e a rede neural artificial. A taxa de sucesso é boa para a música ocidental, mas não é boa para a música hindi.

Amey Ujlambkar[31] apresentou um estudo em que classificou a música de Bollywood em 4 categorias de humor, extraindo as várias caraterísticas do áudio. Utilizaram o algoritmo kmeans. Esta classificação tem uma taxa de sucesso de 70%. O Kmeans é um algoritmo de agrupamento, o que significa que este trabalho se baseia numa aprendizagem não supervisionada.

Resumo:

Estudámos quase 50 trabalhos de investigação do mesmo domínio e da abordagem de extração de dados, modelos de humor. Nesta secção, apresentei alguns documentos que são úteis para continuarmos o nosso trabalho. Na secção seguinte, propusemos um sistema baseado nas desvantagens e vantagens destes documentos para melhorar o sistema de classificação anterior.

CAPÍTULO-3
SISTEMA PROPOSTO

CAPÍTULO 3

SISTEMA PROPOSTO

Neste capítulo, discutiremos a metodologia proposta. Discutimos também o modelo de humor selecionado, as caraterísticas de áudio selecionadas e as abordagens de extração de dados. Também desenhamos a arquitetura do sistema proposto. Abordaremos os seguintes tópicos listados abaixo:

1. Modelo de humor proposto
2. Caraterísticas áudio
3. Ferramentas selecionadas
4. Técnicas de extração de dados
5. Modelo de sistema proposto

3.1 Modelo de humor proposto:

Estudámos modelos que categorizam o humor. Estes modelos tentam abranger todas as emoções do ser humano em categorias mínimas. Estudámos o modelo de Hevner, Thayer e Russell. Também estudámos outros artigos que sugerem uma forma de categorizar o humor. Alguns usaram sites de redes sociais para esta seleção de estados de espírito. Depois de ler os muitos modelos, escolhi o modelo de humor de Thayer devido à sua fácil descrição. Este modelo categoriza o humor em 8 categorias: Feliz, Triste, Frenético, Exuberante, Energético, Depressão, Calmo, Contente. Aqui, exuberante significa música vibrante e de grande dimensão. A categoria contentamento consiste em música satisfatória ou devocional. A categoria frenética considera a música engraçada. Basicamente, Thayer sugeriu um modelo com duas dimensões: stress e energia, 4 grupos e 8 categorias básicas de humor. A Fig. 3.1 mostra a representação do modelo de humor de Thayer.

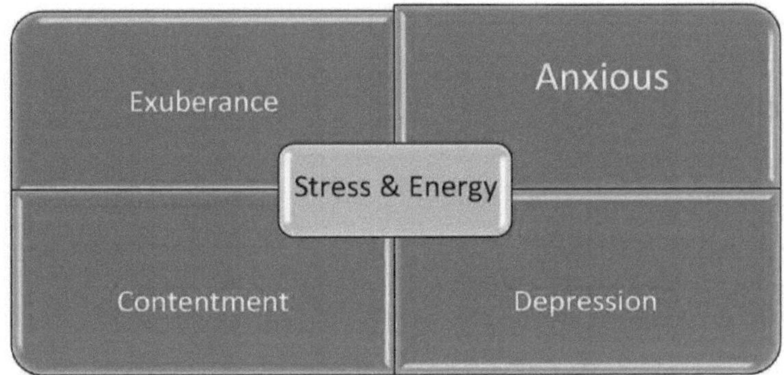

Fig 3.1: Modelo de humor de Thayer [32]

3.2 Caraterísticas áudio selecionadas:

A tarefa principal e difícil deste sistema é a seleção de caraterísticas e a compreensão do seu significado e, em seguida, a extração. Os ficheiros de áudio ou de música consideram vários parâmetros de áudio. Também estudámos vários parâmetros e, depois de lermos vários artigos, selecionámos seis caraterísticas para esta abordagem de classificação e 4 caraterísticas principais.

TIMBRE: O timbre permite identificar o som. Basicamente, denota a qualidade da música. O parâmetro ZCR (Zero Crossing Rate) e a compacidade são caraterísticas envolvidas para medir o timbre.

PITCH: O pitch é descrito como a nota grave e a nota aguda de um ficheiro de música. É medido em termos de frequência e de vibrações conhecidas e contadas.

RITMO: O ritmo é a entidade da música que mostra a relação da música com o tempo.

A repetição de palavras num determinado tempo é conhecida como Ritmo. A velocidade ou ritmo definem o tempo.

Pode ser medido com a ajuda do espetro de batimento.

INTENSIDADE: A força de qualquer ficheiro de música é definida como intensidade. O parâmetro RMS é útil para medir a intensidade da música.

Outros termos de áudio associados abaixo:

> TAXA DE PASSAGEM POR ZERO: A ZCR pode ser definida como a amplitude de uma

música que cruza o valor zero num determinado momento.

> RAIZ QUADRADA MÉDIA: O RMS é o processo de cálculo dos valores médios da música

num determinado momento.

> COMPACTIDADE: -A suavidade espetral é conhecida como compacidade.

> VARIABILIDADE ESPECTRAL: As alterações do espetro da música em função do tempo são

conhecidas como variabilidade espetral.

> FREQUÊNCIA MAIS FORTE: O valor máximo da frequência é conhecido como a frequência
mais forte. .
> TRANSFORMADA RÁPIDA DE FOURIER: A FFT apresenta dados ou funções associados à
frequência.

3.2 Ferramentas de software:

Para realizar o nosso trabalho, temos de utilizar duas ferramentas. Uma para a extração de
caraterísticas de áudio e a segunda para a análise de extração de dados.

Escolhemos o jAudio Feature Extrator 1.04 para a extração de caraterísticas de áudio. Trata-se
de uma ferramenta simples que proporciona um ambiente gráfico. Trata-se de uma ferramenta de
código aberto disponível gratuitamente.

E obtivemos todas as informações sobre esta ferramenta, como manuseá-la e seleccioná-la no
manual disponível na Internet.

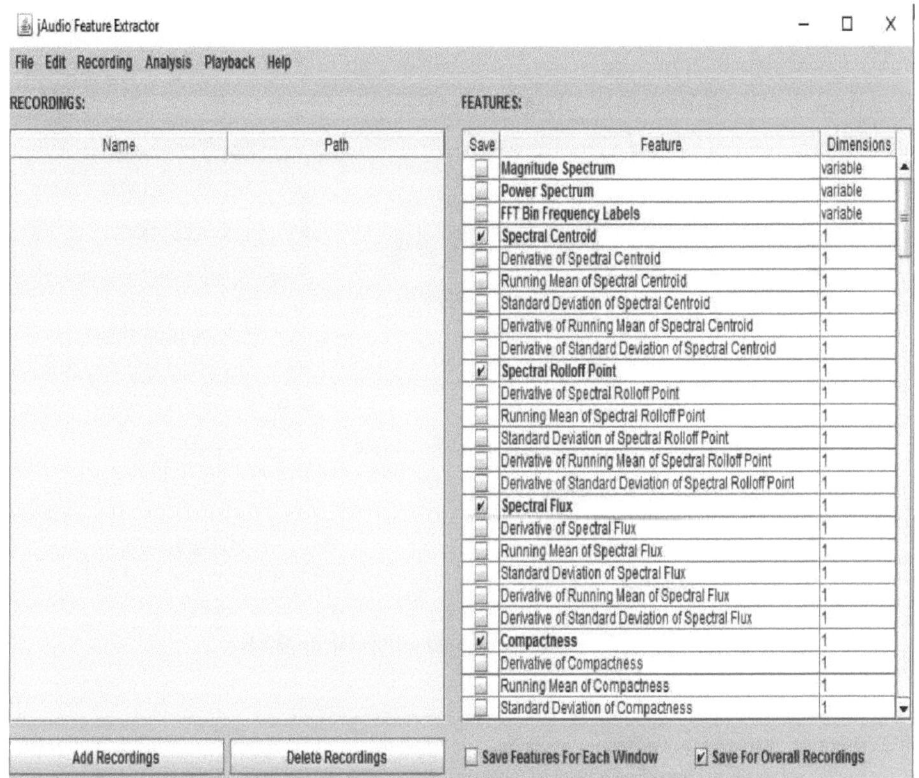

Fig 3.2: Extrator de caraterísticas do jAudio

A segunda ferramenta que utilizámos para realizar a abordagem de extração de dados foi o WEKA. O WEKA é um quadro de fonte aberta que permite aplicar várias abordagens de extração de dados, como a classificação, o agrupamento e a extração de regras de associação. Isto também nos ajudará a fornecer uma visão gráfica dos resultados. Podemos visualizar as saídas e os resultados. A Fig. 3.3 mostra a primeira janela do WEKA e apresenta também a interface gráfica do utilizador do WEKA.

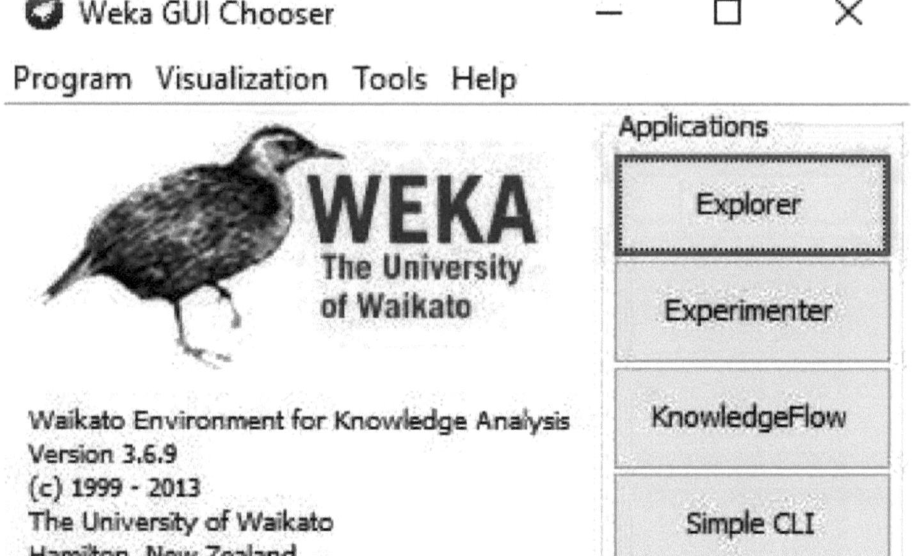

Fig 3.3: Interface gráfica do utilizador do WEKA

3.4: Técnica de extração de dados:

Discutimos e estudámos muitas abordagens de classificação de extração de dados. Verificámos que quase todo o trabalho neste domínio é feito com base na máquina de vectores de apoio SVM. A SVM é um algoritmo supervisionado ou de treino para classificação [33].

No trabalho proposto, discutimos duas abordagens de classificação: Naive Bayesian e árvore de decisão. Após um estudo mais aprofundado, apercebemo-nos de que a árvore de decisão é adequada para este trabalho.

Seleccionamos o algoritmo de classificação da árvore de decisão. A árvore de decisão é muito fácil de compreender e útil para tomar decisões num grande conjunto de atributos. Separa os atributos e depois verifica-os um a um. Pode lidar com conjuntos de dados discretos e contínuos [16]. Funciona bem com conjuntos de dados repetitivos e redundantes.

Uma árvore de decisão apoia a tomada de decisões, considerando vários atributos, organizando-os e criando um modelo que é útil para a tomada de decisões. A Fig. 3.4 mostra o procedimento geral da árvore de decisão para efetuar a classificação. Cada nó de raiz da árvore de decisão contém o poder de decisão. A raiz de uma árvore considera dois nós de resposta. Um para "sim" e outro para "não" e, além disso, o "sim" também tem um nó de decisão e este processo continua até se obterem resultados.

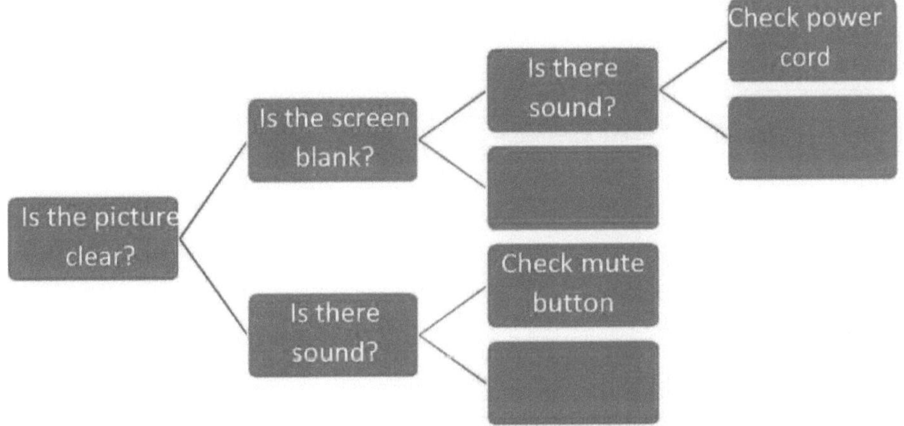

Fig 3.4: Modelo de árvore de decisão

O pacote de actualizações da árvore de decisão é o C4.5. A ferramenta WEKA também fornece uma versão melhorada do C4.5, o J48, desenvolvido em JAVA. Para classificar a música Hindi e Bollywood, seleccionamos a ferramenta WEKA e o algoritmo de extração de dados j48 melhorado. Este algoritmo é fácil de implementar porque não requer qualquer método normalizado para formatar os dados.

3.5: Sistema proposto:

Na secção anterior deste capítulo, discutimos o modelo selecionado, as caraterísticas de áudio e o algoritmo de classificação de extração de dados. Aqui, propus um sistema em que, em primeiro lugar, seleccionamos as canções e, em seguida, extraímos as caraterísticas das canções e dos ficheiros de música com a ajuda da ferramenta jAudio. Converte-se a saída do jAudio na entrada do WEKA e aplica-se o algoritmo de classificação de extração de dados e, em seguida, procede-se à análise dos resultados. A Fig. 3.5 mostra os passos básicos do sistema proposto de acordo com a sua sequência.

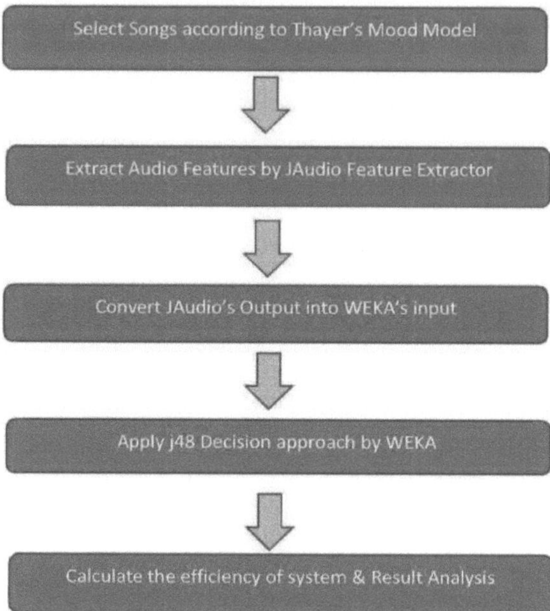

Fig 3.5: Representação passo a passo do sistema proposto

Resumo:

Este capítulo descreve basicamente a arquitetura do sistema proposto ou podemos dizer que envolveu passos para classificar a música de Bollywood e hindi de acordo com o estado de espírito. Também publicamos o nosso modelo proposto com alguns resultados [32]. Tentamos obter uma taxa de sucesso mais elevada com o modelo mais simples.

CAPÍTULO-4
ANÁLISE EXPERIMENTAL

CAPÍTULO 4

ANÁLISE EXPERIMENTAL

Neste capítulo, discutiremos a configuração e os pormenores do sistema que é utilizado no nosso trabalho de investigação. Este capítulo inclui os pormenores da configuração ambiental, o conjunto de dados e os resultados. Os tópicos abordados neste capítulo estão listados abaixo:

1. Configuração do ambiente
2. Pré-processamento de música e extração de caraterísticas
3. Geração de conjuntos de dados
4. Detalhes do conjunto de dados

4.1 Configuração do ambiente:

Este trabalho é executado no meu computador pessoal que tem a seguinte configuração:

Processor:	64bit Intel Core i3 1.73 GHz processor
RAM:	4 GB
Operating System:	62 bit windows 10 pro
Hard Drive:	500GB

As ferramentas necessárias para efetuar esta tarefa estão indicadas abaixo:

1. jAudio Feature Extractor:	jAudio 1.04
Created by:	Daniel McEnnis & Cory Mckey
Size:	41.3 MB
2. WEKA :	WEKA 3.6.9 (WEKA 3 Data mining Tool)
Size:	65.3 MB

Acima discutimos os pormenores básicos das máquinas e do software em que esta tarefa é executada. A configuração do ambiente é discutida em duas partes, primeiro para extração de caraterísticas e classificação de dados. Para extrair as caraterísticas do áudio, é feito o pré-processamento da música ou, em termos simples, convertemos os ficheiros de áudio numa estrutura uniforme:

4.2 Pré-processamento de música e extração de caraterísticas:

Para realizar a nossa tarefa, começámos por selecionar 70 ficheiros de música. Antes deste trabalho, todos os trabalhos foram realizados em clips de ficheiros de música de 30 segundos ou 50 segundos. Mas nós consideramos canções inteiras e classificamo-las. Inicialmente, seleccionamos canções cuja duração máxima é inferior a 5 minutos. E, na fase seguinte, seleccionamos canções de duração não fixa. Consideramos canções de 5 minutos, 8 minutos e 2 minutos relacionadas com várias categorias descritas no capítulo 3, escolhendo o modelo de humor de Thayer. Selecionámos canções de várias categorias com a ajuda da Internet e de um grupo de amigos meus e pesquisando no Facebook e noutros sítios de redes sociais.

Depois de selecionar as canções, a nossa segunda tarefa é convertê-las para o formato wav. A maior parte das canções disponíveis estão em formato Wav. Por isso, a nossa segunda tarefa é convertê-las para o formato wav. Wav é um formato de ficheiro áudio criado pela Microsoft. Convertemos todos os ficheiros de música para a extensão wav. Porque o jAudio suporta ficheiros wav como entrada.

Após a conversão, a nossa próxima tarefa é uniformizar todos os ficheiros wav. Assim, convertemos estes ficheiros para 16 bit e 16000Hz. Também selecionámos o canal mono para este trabalho. Podemos alterar estes parâmetros, mas convertemo-los em definições uniformes.

As duas coisas acima referidas são importantes para esta tarefa. O primeiro é a conversão de mp3 para wav porque a ferramenta utilizada jAudio suporta o formato wav e o segundo é convertê-los numa estrutura uniforme. A Fig. 4.1 mostra os passos iniciais desta tarefa.

Considerar ficheiros de música de entrada descarregados de vários recursos heterogéneos Converter no formato de entrada do jAudio ou numa norma uniforme Extrair as caraterísticas com a ajuda do jAudio

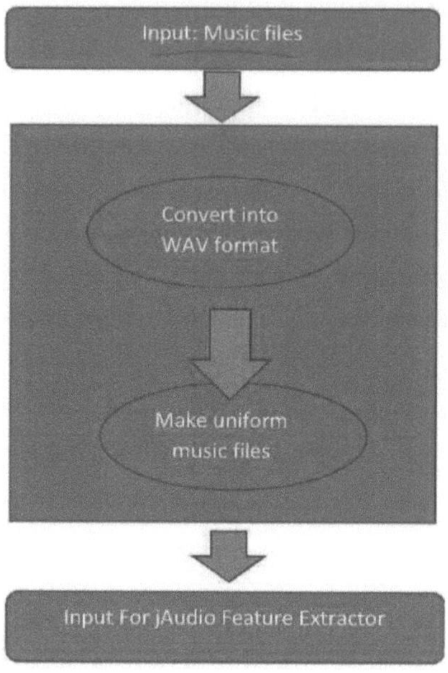

Fig 4.1 Extração de caraterísticas

4.3 GERAÇÃO DE CONJUNTOS DE DADOS:

Após o pré-processamento do áudio ou da música, utilizamos a ferramenta jAudio para a extração de caraterísticas. Adicionamos todos os ficheiros pré-processados ao jAudio e seleccionamos as caraterísticas de áudio que queremos extrair dos ficheiros de música. A Fig. 4.2 mostra um exemplo da interface gráfica de extração de caraterísticas do jAudio.

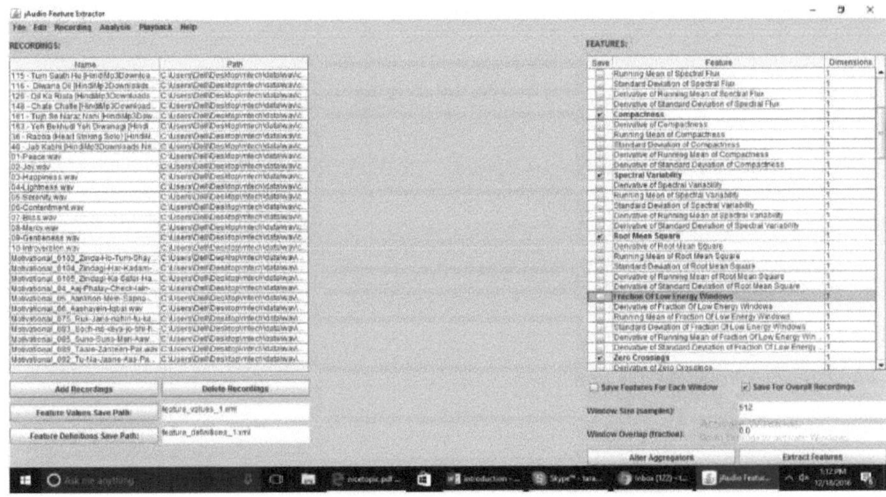

Fig 4.2: Interface gráfica do extrator de caraterísticas jAudio

O jAudio apresenta o resultado sob a forma de xml. Mas utilizamos a ferramenta WEKA para aplicar o algoritmo de classificação da extração de dados e o WEKA suporta o ficheiro de dados arff. Por isso, convertemos o formato de saída do jAudio como arff com a ajuda do separador do menu de formato de saída de análise apresentado no WEKA. Desta forma, extraímos caraterísticas do jAudio e convertemo-las num conjunto de dados útil e compatível com o WEKA.

4.4 Detalhes do conjunto de dados:

O jAudio dá o resultado em ficheiro arff após a conversão. Estes dados são fornecidos com três etiquetas.

@relation: This tag basically defined the name of files or whole data set.

@attribute: This tag gives the detail of various features used for classification.

@data: This tag contains the values of features described under attribute

tag. Below we show the sample data categorized into 2 parts:

@relation jAudio

@ATTRIBUTE outlook {happy,sad}

@ATTRIBUTE "Root Mean Square Overall Standard Deviation0" NUMERIC

@ATTRIBUTE "Zero Crossings Overall Standard Deviation0" NUMERIC

@ATTRIBUTE "Root Mean Square Overall Average0" NUMERIC

@ATTRIBUTE "Zero Crossings Overall Average0" NUMERIC

@DATA

happy,6.929E-2,2.947E1,1.556E-1,5.156E1

sad,6.931E-2,3.287E1,1.812E-1,5.261E1

happy,9.17E-2,3.316E1,1.825E-1,4.404E1

happy,6.919E-2,2.847E1,1.556E-1,5.156E1

sad,6.911E-2,3.217E1,1.812E-1,5.261E1

happy,9.07E-2,3.176E1,1.825E-1,4.404E1

Resumo:

Este capítulo apresenta uma descrição detalhada da criação de um ambiente para desenvolver um sistema de música que classifica a música Bollywood Hindi de acordo com o estado de espírito. Este capítulo apresenta uma breve descrição de como extrair caraterísticas do áudio. Este capítulo é muito útil para os novos investigadores melhorarem este trabalho. Apresenta pormenores da conversão para o jAudio e também para o WEKA.

CAPÍTULO-5
RESULTADOS

CAPÍTULO 5

RESULTADOS

Este capítulo apresenta em pormenor os resultados e a análise dos resultados deste sistema. Basicamente, fizemos todas as experiências para categorizar a música em 2 categorias. 4 partes e 8 partes. Também apresentamos as capturas de ecrã do nosso trabalho e calculamos a eficiência em percentagens.

1. Árvore J48
2. Resumo pormenorizado dos resultados
3. Matriz de confusão
4. Análise de resultados

>   Inicialmente, quando fornecemos os dados ao WEKA e os visualizamos com base em todos os atributos extraídos com a ajuda do jAudio, a fig. 5.1 mostra a partição dos dados utilizando cada um dos atributos.

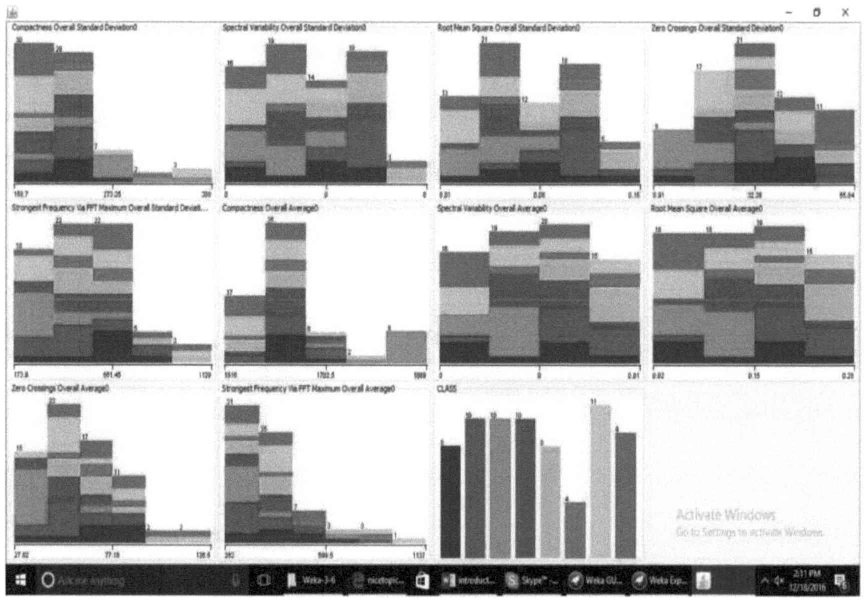

Fig 5.1 Partição de dados

5.1 Árvore J48:

Gera uma árvore de 13 folhas cujo tamanho é 25. Basicamente, esta árvore é uma árvore podada. A poda gera resultados mais simples e simplificados. A maioria dos algoritmos utiliza a poda.

O J48 aplica 2 métodos de poda: o primeiro é a substituição da sub-árvore, em que o nó da árvore é substituído pela folha da árvore. O segundo é a elevação da sub-árvore. O segundo é a elevação da sub-árvore, em que a raiz pode ser deslocada para cima e alterar o outro nó dessa forma. A Fig. 5.2 mostra a árvore podada j48 do nosso trabalho.

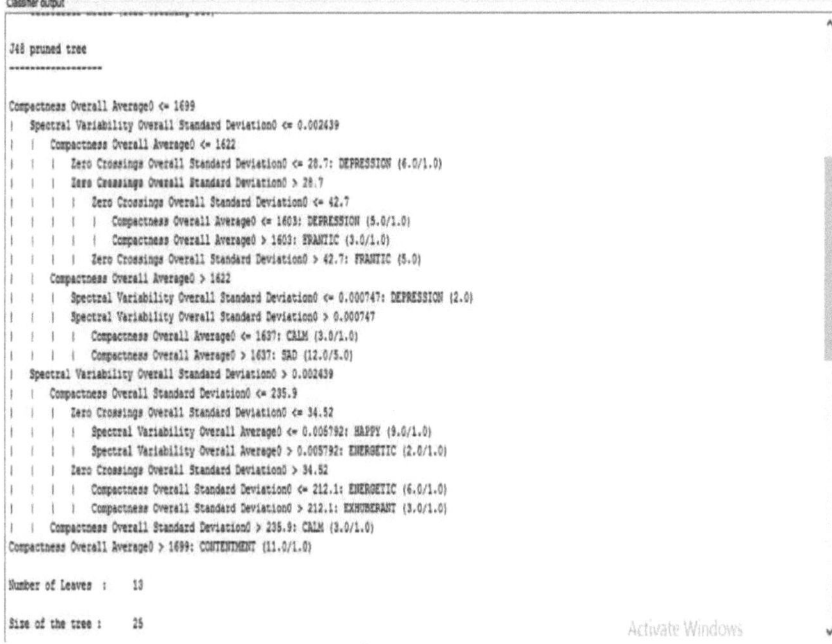

Fig. 5.2: Árvore de decisão j48

5.2 Resumo pormenorizado dos resultados:

O nosso trabalho apresenta uma taxa de sucesso de 78%. Este trabalho classificou com êxito 55 ficheiros de música de um total de 70. A Fig. 5.3 mostra o resumo pormenorizado dos resultados. De seguida, discutimos a lógica dos termos utilizados nesta classificação, como TP-Rate, FP-Rate, etc.

TAXA TP: É a taxa de precisão verdadeira. É calculada de acordo com o número de instâncias que são classificadas com sucesso.

TAXA FP: É a taxa de falsa precisão. É calculada de acordo com o número de instâncias que são classificadas incorretamente.

PRECISÃO: É calculada dividindo o valor da precisão verdadeira pela adição do valor da precisão verdadeira e do valor da precisão falsa.

RECALL: É um valor que fornece a percentagem de instâncias efetivamente classificadas e o total de instâncias.

F-MEASURE: É designada como a média harmónica de Recall e Precisão.

ÁREA ROC: Representa o compromisso entre a taxa de falsos positivos e a taxa de verdadeiros positivos

```
=== Summary ===

Correctly Classified Instances        55              78.5714 %
Incorrectly Classified Instances      15              21.4286 %
Kappa statistic                        0.7524
Mean absolute error                    0.0775
Root mean squared error                0.1968
Relative absolute error               35.6721 %
Root relative squared error           59.7478 %
Total Number of Instances             70

=== Detailed Accuracy By Class ===

                TP Rate   FP Rate   Precision   Recall   F-Measure   ROC Area   Class
                0.5       0.032     0.667       0.5      0.571       0.934      CALM
                0.8       0.017     0.889       0.8      0.842       0.973      HAPPY
                1         0.017     0.909       1        0.952       0.992      CONTENTMENT
                0.7       0.083     0.583       0.7      0.636       0.928      SAD
                0.75      0.032     0.75        0.75     0.75        0.95       ENERGETIC
                0.5       0.015     0.667       0.5      0.571       0.979      EXHUBERANT
                1         0.034     0.846       1        0.917       0.987      DEPRESSION
                0.778     0.016     0.875       0.778    0.824       0.979      FRANTIC
Weighted Avg.   0.786     0.032     0.786       0.786    0.781       0.966
```

Fig. 5.3: Resumo pormenorizado do nosso trabalho

Basicamente, desenvolvemos o nosso sistema tendo em conta 8 categorias de música. Também realizámos a mesma experiência ou classificação para dividir a música em 4 categorias: Feliz, Triste, Calma e Energética. Para isso, pegámos em 50 músicas de várias categorias. A Fig. 5.4 mostra um resumo pormenorizado das 4 categorias de humor.

```
Time taken to build model: 0 seconds

=== Evaluation on training set ===
=== Summary ===

Correctly Classified Instances        42               84     %
Incorrectly Classified Instances       8               16     %
Kappa statistic                        0.7832
Mean absolute error                    0.1215
Root mean squared error                0.2465
Relative absolute error               32.805  %
Root relative squared error           57.3022 %
Total Number of Instances             50

=== Detailed Accuracy By Class ===

               TP Rate   FP Rate   Precision   Recall   F-Measure   ROC Area   Class
               0.867     0.114     0.765       0.867    0.813       0.938      CALM
               0.8       0.025     0.889       0.8      0.842       0.97       HAPPY
               0.8       0.05      0.8         0.8      0.8         0.955      SAD
               0.867     0.029     0.929       0.867    0.897       0.978      ENERGETIC
Weighted Avg.  0.84      0.058     0.846       0.84     0.841       0.96
```

Fig. 5.4: Resumo pormenorizado para 4 categorias de humor

Este trabalho dá um sucesso de 84%. Mas o nosso objetivo é considerar menos atributos e classificar em mais categorias.

5.3 Matriz de confusão:

As linhas da matriz de confusão são representadas pela chamada atual, enquanto a coluna da matriz de confusão mostra as previsões. A Fig. 5.5 mostra a matriz de confusão do nosso trabalho.

```
=== Confusion Matrix ===

 a  b  c  d  e  f  g  h   <-- classified as
 4  0  0  3  0  0  0  1 |  a = CALM
 0  8  0  2  0  0  0  0 |  b = HAPPY
 0  0 10  0  0  0  0  0 |  c = CONTENTMENT
 1  0  0  7  0  1  1  0 |  d = SAD
 0  1  1  0  6  0  0  0 |  e = ENERGETIC
 1  0  0  0  1  2  0  0 |  f = EXHUBERANT
 0  0  0  0  0  0 11  0 |  g = DEPRESSION
 0  0  0  0  1  0  1  7 |  h = FRANTIC
```

Fig. 5.5: Matriz de confusão do nosso trabalho

5.4 Análise de resultados:

Inicialmente, pegámos em 70 ficheiros de música sem recortar a canção completa. E convertemo-lo em wav e numa estrutura uniforme. Depois, com a ajuda do jAudio, extraímos as caraterísticas da música e, em seguida, executamos o algoritmo de classificação com a ajuda do WEKA. 5.1, 5.2, 5.3 mostram o resumo pormenorizado deste trabalho. Aqui apresentamos a tabela 5.1, na qual calculamos a eficiência em percentagens, contando as músicas efetivamente classificadas e o número de músicas dessa categoria. Este trabalho apresenta uma taxa de sucesso de 78%.

Mood Taxonomy	Used no. of songs	Identified no. of songs	Efficiency %
CALM	8	4	50
HAPPY	10	8	80
CONTENTMENT	10	10	100
SAD	10	7	70
ENERGETIC	8	6	75
EXHUBERANT/EXCITEMENT	4	2	50
DEPRESSION	11	11	100
FRANTIC	9	7	77.77778

Quadro 5.1 Eficiência do nosso trabalho

Como se pode ver na tabela, o conjunto de músicas do tipo contentamento e depressão apresenta resultados de 100%. O sistema precisa de ser melhorado para classificar a música de acordo com o tipo calmo e exuberante.

5.5 Estudo comparativo dos resultados:

Estudámos muitos trabalhos realizados no passado. E tentamos melhorar os trabalhos anteriores.

Este trabalho divide-se em três sub-módulos: Seleção de humor, seleção de caraterísticas de áudio e técnicas de extração de dados. Nestes critérios, o nosso trabalho é diferente e único.

Alguns trabalhos consideram o estado de espírito através de inquéritos [31] , alguns consideram as categorias de estado de espírito de acordo com os sítios de redes sociais[34] , alguns trabalhos consideram mais do que um modelo previamente definido[27]. Mas nós optámos por um modelo que é o modelo de humor de Thayer.

Basicamente, todo o trabalho foi efectuado tendo em conta vários parâmetros de ritmo, andamento, timbre, altura, mas consideramos menos caraterísticas de áudio e obtemos resultados satisfatórios.

Todos os trabalhos anteriores foram realizados tendo em conta o clip de áudio ou de música [30], mas considerámos o ficheiro de áudio completo para a extração e classificação de caraterísticas. São utilizadas várias abordagens de extração de dados. Alguns escolhem a classificação e o agrupamento [31]. Alguns escolhem o SVM, outros selecionam o algoritmo Random Forest e outros escolhem a rede neural artificial [30]. Seleccionamos o algoritmo da árvore de decisão porque dá bons resultados em dados redundantes.

Este algoritmo dá uma taxa de sucesso de 78%. Comparado com outros algoritmos, é muito bom. Mas também tem hipóteses de ser melhorado. Dá 100% de sucesso para as categorias de humor de contentamento e depressão.

A combinação utilizada de caraterísticas de áudio, estado de espírito e técnica de extração de dados é única e proporciona uma nova forma de desenvolver um gerador automático de taxonomia musical utilizando o estado de espírito, o que dá resultados satisfatórios.

5.6 Vantagens do sistema:

MENOS ATRIBUTOS E MAIS CATEGORIAS: Basicamente, todos nós queremos ouvir músicas de acordo com a nossa situação atual, humor ou estado de espírito. Assim, este trabalho propôs um modelo para discriminar as canções com base nas suas caraterísticas áudio como o tom, o timbre, o tempo, a intensidade em 8 categorias. Seleccionamos apenas 6 parâmetros de áudio e classificamos as canções em 8 categorias e obtemos resultados bem sucedidos. Isto significa que este sistema é muito fácil de implementar porque o número de atributos é menor. Abrangeu todas as emoções humanas porque discriminámos as canções em 8 categorias utilizando o modelo de humor de Thayer.

MÚSICA HINDI BOLLYWOOD: Antes deste trabalho, foi efectuado um trabalho máximo de classificação do estado de espírito da música para a música ocidental e a música clássica chinesa. Este sistema centra-se totalmente na música de Hindi Bollywood. A utilização de canções de Hindi e Bollywood torna este sistema único neste domínio.

CONJUNTO DE DADOS REDUNDANTES: Toda a gente armazena canções em grandes quantidades. Assim, as hipóteses de duplicação de dados são maiores. Utilizámos a árvore de decisão para fins de classificação. A árvore de decisão funciona muito bem no caso de dados redundantes.

PLATAFORMA PARA NOVOS INVESTIGADORES: Este sistema utiliza todas as ferramentas de fonte aberta, pelo que é bom para os novos académicos fazerem mais investigação neste domínio. Isto criará uma plataforma para novos investigadores. Também fornecemos todos os detalhes do trabalho neste documento, o que será útil.

CONSIDERAR O ARQUIVO DE MÚSICA COMPLETO: Antes deste trabalho, toda a investigação é feita sobre o clipe de música, mas este considera o ficheiro de música completo ou a canção completa.

Resumo:

Este capítulo é a parte principal do nosso algoritmo. Classificou ficheiros de música de acordo com várias categorias de humor com uma taxa de sucesso de 78%. Neste capítulo, apresentamos a árvore, a matriz de confusão e um resumo pormenorizado do nosso trabalho inicial.

CAPÍTULO-6
APLICAÇÕES DO SISTEMA

CAPÍTULO 6

APLICAÇÕES DO SISTEMA PROPOSTO

Este capítulo contém as vantagens do sistema proposto e também escrevemos várias áreas reais onde este trabalho tem um grande impacto. Também descrevemos a importância do nosso trabalho neste capítulo.

1. CUIDADOS DE SAÚDE
2. MIR
3. SISTEMAS MUSICAIS INTELIGENTES

6. 1 Cuidados de saúde:

Como já referimos, a música pode melhorar a saúde mental dos seres humanos. Muitos psicólogos tratam os seus pacientes com a ajuda da música. O nosso sistema será útil para os médicos tratarem os seus pacientes. Os médicos precisavam de música para acalmar e motivar os seus pacientes, este trabalho classifica as músicas em 8 categorias que também contêm diretamente a categoria calma. A depressão é outra categoria do nosso trabalho em que classificámos as canções de motivação. Portanto, isso é útil para pacientes que têm alguma fraqueza mental e médicos que precisam tratar pacientes.

A musicoterapia é uma área especial dos cuidados de saúde em que se melhoram as capacidades físicas, sociais, emocionais e cognitivas dos seres humanos. O nosso trabalho bem sucedido será útil para aumentar a qualidade ou o nível de vida e reduzirá a doença mental. A musicoterapia trabalha sempre com o indivíduo, o nosso sistema classificou a música em 8 categorias de emoções que cobrirão todas as emoções do indivíduo. Este sistema pode ser facilmente desenvolvido como sites ou aplicativos móveis para que todos possam acalmar, motivar com a ajuda da música individualmente.

6.2 MIR:

A recuperação de informações musicais é conhecida como sistema MIR. São utilizados para recolher informações a partir da música. Na fase inicial deste trabalho, começámos por extrair as caraterísticas do ficheiro de música. Este trabalho também será útil para a recuperação de informação musical.

6.3 Leitor de música inteligente:

O nosso trabalho centra-se no desenvolvimento de um sistema que gera uma lista de reprodução em referência ao estado de espírito. Assim, os programadores desenvolvem um sistema ou website ou aplicação móvel, considerando o nosso trabalho que classificou as músicas de acordo com as emoções humanas, que será conhecido como leitor de música inteligente, todos querem ouvir músicas de acordo com o seu estado de espírito.

Este trabalho também será útil para os compositores que fazem a composição de novas canções. Se quiserem criar música para uma situação feliz, podem verificar com a ajuda deste sistema. O mesmo pode ser feito para situações calmas, tristes e energéticas.

CAPÍTULO-7
CONCLUSÃO E ÂMBITO FUTURO

CAPÍTULO 7
CONCLUSÃO E ÂMBITO FUTURO

Este capítulo conclui todo o trabalho de investigação. Nesta secção, discutimos todos os factores da investigação. Também escrevemos e apontamos as várias possibilidades desta investigação no futuro. Este capítulo contém os seguintes pontos em pormenor:

1. Conclusão
2. Âmbito futuro

7.1 Conclusão:

Concluímos com êxito o nosso trabalho de investigação. Associámos ficheiros de música a várias oito categorias sugeridas por Thayer. O resultado é uma taxa de sucesso de 78%. O que podemos considerar como um resultado satisfatório para desenvolver sítios Web e aplicações móveis para gerar listas de reprodução de acordo com as emoções humanas em tempo real. O resultado satisfatório desta investigação é o primeiro passo para a música Hindi Bollywood. Neste trabalho, seleccionamos algumas canções de várias categorias, extraímos as suas caraterísticas áudio selecionadas e aplicamos o algoritmo de classificação da árvore de decisão, obtendo um resultado satisfatório.

7.2 Âmbito futuro:

Podemos dizer que este é um trabalho de iniciativa que classificou ou separou as canções Hindi Bollywood tendo em conta modelos de humor. Podemos também desenvolver um sistema que discrimine todo o tipo de canções de acordo com as emoções humanas, porque, devido à globalização, hoje em dia é possível gostar de ouvir canções hindi, bem como canções ocidentais ou canções chinesas.

O nosso sistema dá resultados satisfatórios, mas há muitas possibilidades de melhoria na área da calma e da depressão ion songs e em todo o sistema. Também podemos comparar este sistema utilizando diferentes algoritmos de classificação e agrupamento e obter resultados exactos.

REFERÊNCIAS

1. H. J. Trappe. (2012). "Música e medicina: Os efeitos da música no ser humano". *Applied Cardiopulmonary Pathophysiology,* vol. 16, pp. 133-142.

2. Dawn Kent, "O efeito da música no corpo e na mente humana". Teses de Honra de Finalistas. Liberty University, EUA, 2006.

3. W. D. Bowman. (2002). "Porque é que os seres humanos valorizam a música?" *Philosphy of Music Education Review,* vol. 10(1), pp. 55-63.

4. S. Hallam. (2010). "O poder da música: o seu impacto no desenvolvimento intelectual, social e pessoal das crianças e dos jovens". *International Journal of Music Education,* vol. 28(3), pp. 269-289.

5. X. Hu, "Music and mood: where theory and reality meet." apresentado na iConference, Universidade de Illinois em Urbana, Champaign, 2010.

6. D. Hume. (2012). O indivíduo: Emoções e estado de espírito. (2) Disponível: http://vig.prenhall.com/samplechapter/0132431564.pdf (Dez 2016).

7. D. Mitrovic, M. Zeppelzauer, H. Eidenberger. (2006). "Análise da qualidade dos dados das descrições áudio de sons ambientais". Journal *of Digital Information Management,* vol. 1(1), pp. 4-17.

8. N. Padhy, Dr. P. Mishra, R. Panigrahi. (2012). "O levantamento de aplicativos de mineração de dados e escopo de recursos". *Revista Internacional de Ciência da Computação, Engenharia e Tecnologia da Informação,* Vol. 2(3), pp. 43-55.

9. K. Hevner. (1936). "Estudos experimentais dos elementos de expressão na música". *American Journal of Psychology,* vol. 48, pp. 246-268.

10. J. A. Russell. (1980). "A circumplex model of affect", *Journal of Personality and Social Psychology,* vol. 39(6), pp. 1161-1178.

11. R. E. Thayer. "The Bio-psychology of Mood and Arousal", Nova Iorque: Oxford University Press, 1991, pp. 256.

12. E. Tsunoo, T. Akase, N. Ono, S. Sagayama. "Classificação da disposição musical através da análise de padrões de unidades de ritmo e linha de baixo". Actas da Conferência Internacional do IEEE sobre Acústica, Fala e Processamento de Sinais (ICASSP), 2010, pp. 265-268.

13. D. Gerhard," Extração de Pitch e Frequência Fundamental: History and Current Techniques", Relatório Técnico TR-CS 2003-06 novembro, 2003

14. J. M. Ren, M. J. Wu, J. S. R. Jang. (2015). 'Classificação automática de humor musical com base em

recursos de timbre e modulação." *IEEE Transactions on Affective Computing,* vol. 6(3), pp. 236246.

15. K. M. Raval. (2012). "Técnicas de mineração de dados". *Revista Internacional de Pesquisa Avançada em Ciência da Computação e Engenharia de Software,* vol. 2(10), pp. 439-444.

16. S. Garg, A. K. Sharma. (2013). "Análise comparativa de técnicas de extração de dados em conjuntos de dados educativos" *Jornal Internacional de Aplicações Informáticas,* vol. 74(5), pp. 1-5.

17. D. Mcennis, C. Mckay, I. Fujinaga, P. Depalle. (2005). "JAUDIO: Uma biblioteca de extração de caraterísticas." pp. 600-603. Queen Mary, Universidade de Londres, carregado em 17-8-2011.

18. G. Tzanetakis e P. Cook. (2000). "Marsyas: A framework for audio analysis", *Organized Sound,* vol. 10, pp. 293-302.

19. R. Bouckaert, E. Frank, M. A. Hall, G. Holmes, B. Pfahringer, P. Reutemann, I. H. Witten. (2010). "WEKA-Experiências com um projeto de código aberto Java". *Journal of Machine Learning Research,* vol. 11, pp. 2533-2541.

20. S. Taran, S. Mishra. (2016). "Três palavras: determinar os segmentos do trabalho de investigação," *International Education & Research Journal,* vol. 2(11), pp. 2454-9916.

21. K. Mahto, A. Hotta, S. S. Solanki, S. Chakraborty. "Um estudo sobre a similaridade do artista usando a busca de projeção e MFCC: Identification of Gharana from Raga Performance," 2014 International Conference on Computing for Sustainable Global Development (INDIAcom), Nova Deli, pp. 647-653.

22. H. Feng, C. Jiang, X. Yang. "An audio classification and speech recognition system for video content analysis" [Um sistema de classificação de áudio e reconhecimento de voz para análise de conteúdos de vídeo], Multimedia Technology (ICMT), 2011 International Conference on Multimedia Technology, Hangzhou 2011, pp. 5272-5276.

23. K. Subashin, S. Palanivel, V. Ramaligam. (2012). 'Segmentação e classificação baseadas em áudio e vídeo usando AANN." *International Journal of Computer Applications and Technology,* vol. 1(2), pp. 53-56.

24. C. C. Lin, S. H. Chen. (2005). 'Audio Classification and Categorization Based on Wavelets and Support Vetor Machine." IEEE Transactions on speech and audio processing, vol. 13(5), pp. 644-651.

25. R. Zhang, B. Li, T. Peng. (2008). "Classificação de áudio baseada em SVM-UBM". *9ª* Conferência Internacional sobre Processamento de Sinais, Pequim, 2008, pp. 1586-1589.

26. H. Subramanian. "Classificação de sinais de áudio". Relatório do seminário de crédito M.Tech, Grupo de Sistemas Electrónicos, EE. Dept, IIT Bombay, 2004.

27. W. Wu, L. Xie. 'Discriminating Mood Taxonomy of Chinese Traditional Music and Western Classical Music with Content Feature Sets. Congresso de 2008 sobre Processamento de Imagem e Sinal, Sanya, China, 2008, pp. 148-152.

28. P. Saari, T. Eerola, O. Lartillot. (2011). 'Generalizability and Simplicity as Criteria in Feature Selection: Application to Mood Classification in Music", *IEEE Transactions on Audio Speech and Language Processing*, vol. 19(6), pp. 1802-1812.

29. K. Lee, M. Cho. (2011) "Mood Classification from Musical Audio Using User Group-dependent Models", 2011, 10th International Conference on Machine Learning and Applications and Workshops, Honolulu, HI, pp. 130-135.

30. S. Bhat, V. S. Amith, N. S. Prasad, D. M. Mohan. "An Efficient Classification Algorithm For Music Mood Detection In Western and Hindi Music Using Audio Feature Extraction", 2014 Fifth International Conference on Signal and Image Processing, Jeju Island, pp. 359-364.

31. Ujlambkar, O. Upadhye, A. Deshpande, G. Suryawanshi. (2014). "Sistema de categorização de música baseado em humor para música de Bollywood", *Jornal Internacional de Pesquisa Avançada em Computação*, vol. 4 (1), pp. 223-230.

32. S. Taran, S. Mishra (2016). "Um modelo proposto para criar lista de reprodução com base no humor para músicas de Bollywood", *Jornal Internacional de Tendências e Tecnologia da Ciência da Computação*, vol. 4 (6), pp. 82-85.

33. R. Burbidge, B. Buxton," An Introduction to Support Vetor Machines for Data Mining" disponível em linha em http://svms.org/tutorials/burbidgebuxton2001.pdf

34. K. Gujjar, S. Shah. (2015). "Geração de lista de reprodução baseada em humor para música popular hindi: A Proposed Model". *Revista Internacional de Aplicações Informáticas,* vol. 127 (14), pp. 11-14.

PUBLICAÇÕES:

INTERNACIONAL:

1) Shruti Taran, Sra. Shubha Mishra," Um modelo proposto para criar uma lista de reprodução baseada no humor para canções de Bollywood", Jornal Internacional de Tendências e Tecnologia da Ciência da Computação (IJCST) - Volume 4 Edição 6, Nov - Dez 2016, ISSN: 2347-8578

2) "Taxonomy of Bollywood & Hindi Music in Reference to Mood", publicado no Jornal Internacional de Pesquisa Avançada em Ciência da Computação e Engenharia de Software (IJARCSSE) - Volume 6 Edição 12, Dez 2016 & ISSN: 2277 128X

3) Apresentou um trabalho intitulado "Sistema para gerar a taxonomia da música de Bollywood de acordo com a taxonomia do humor" no Congresso de Jovens Cientistas organizado pela MPCST, Bhopal, em 10-11 de março de 2017.

More Books!

yes I want morebooks!

Buy your books fast and straightforward online - at one of world's fastest growing online book stores! Environmentally sound due to Print-on-Demand technologies.

Buy your books online at
www.morebooks.shop

Compre os seus livros mais rápido e diretamente na internet, em uma das livrarias on-line com o maior crescimento no mundo! Produção que protege o meio ambiente através das tecnologias de impressão sob demanda.

Compre os seus livros on-line em
www.morebooks.shop

info@omniscriptum.com
www.omniscriptum.com

Printed by Books on Demand GmbH, Norderstedt / Germany